U0306393

农业绿色发展丛书

耕地质量提升与土壤改良技术

◎ 徐霄　毛正荣　童文彬　主编

中国农业科学技术出版社

图书在版编目（CIP）数据

耕地质量提升与土壤改良技术/徐霄，毛正荣，童文彬主编 . — 北京：中国农业科学技术出版社，2021.4

ISBN 978-7-5116-5221-8

Ⅰ . ①耕… Ⅱ . ①徐… ②毛… ③童… Ⅲ . ①耕地资源－土壤改良－研究－衢州 Ⅳ . ① S156

中国版本图书馆 CIP 数据核字（2021）第 043562 号

责任编辑　王惟萍
责任校对　贾海霞
责任印制　姜义伟　王思文

出 版 者　中国农业科学技术出版社
　　　　　北京市中关村南大街 12 号　邮编：100081
电　　话　（010）82106643（编辑室）（010）82109702（发行部）
　　　　　（010）82109709（读者服务部）
传　　真　（010）82106643
网　　址　http://www.castp.cn
经 销 者　各地新华书店
印 刷 者　北京建宏印刷有限公司
开　　本　850mm×1 168mm　1/32
印　　张　2.5
字　　数　57 千字
版　　次　2021 年 4 月第 1 版　2021 年 4 月第 1 次印刷
定　　价　79.80 元

　　"万物土中生，有土斯有粮"。《耕地质量提升与土壤改良技术》一书与大家见面了。出版本书，旨在普及土壤科学知识，使广大农业科技人员和农业生产者更好地了解耕地质量提升和土壤改良技术的相关知识，充分运用土壤科学技术知识，不断提高土壤生产力，为农业生产发展做出贡献。

　　本书以近年来浙江省衢州市的耕地质量建设为背景，较全面地反映浙西丘陵地区耕地质量的特点。本书第一章对衢州市耕地质量建设做了概述，介绍了所辖6个县（市、区）的耕地质量等级情况，论述了衢州土壤肥力状况。第二章详细地介绍了耕地质量提升与土壤改良的各类技术、方法和一些注意事项，内容丰富，层次分明，对农业生产具有现实的指导意义，可供领导决策和广大农业科技人员参考。第三章以当下热门的健康土壤为主体，介绍了一些改善土壤健康环境的技术和措施，对指导农业绿色发展有一定的意义。第四章主要介绍了衢州市近年来在耕地质量建设方面所做的一些亮点工作，可供兄弟市、县参考。

本书在编写过程中得到衢州市农业农村局、柯城区、衢江区、龙游县土肥系统工作人员的帮助和支持。在此表示由衷的感谢。

由于编者水平有限，书中难免有疏漏之处，敬请读者批评指正。

编　者

2021 年 1 月

目　录

第一章

衢州市耕地质量建设概况

一、区域条件

衢州市地处浙江省西部、钱塘江上游，浙、闽、赣、皖四省交界的中心位置，素有"四省通衢、五路总头"之称。辖龙游、开化、常山 3 县，柯城、衢江 2 区和江山市，地域面积 8 844 平方千米，总人口 258 万，2019 年度全市实现农业总产值 138.88 亿元，农业增加值 88.42 亿元，农村常住居民年可支配收入 24 426 元。

衢州市是浙江省西部的地级市，地处金衢盆地的西部，衢江穿流而过，北部是千里岗山脉，南部是仙霞岭，三面环山，层状地貌明显，地势自西向东北倾斜，走廊式的金衢盆地横穿中部。土地利用以农林为主，大致为"七山半水二分田"。土地资源丰富，红壤丘陵面积广。衢州市地处亚热带季风区，四季分明，光照充足，雨量充沛，不仅立地条件优越，适宜农业生产，还是浙江省母亲河——美丽的钱塘江之源，山清水秀，环境优美，空气清新，地表水达到一二级饮用水标准，是生产无公害、绿色、有机食品和发展观光休闲农业的胜地。

二、衢州市耕地质量概况

衢州市现有耕地面积 14.13 万公顷，永久基本农田 11.87 万公顷，标准农田 7.87 万公顷。衢州市土壤资源丰富，从河谷平原的水稻土至丘陵山地的红壤、黄壤，应有尽有，其形成不仅受到自然因素的综合影响，还受到长期人为耕作的影响。由此形成衢州市土壤种类繁多、性状各异，影响了土壤的物理、化学、生物化学性状，从而使土壤肥力这一土壤基本属性呈现多样性、复杂性。

近年来，通过耕地质量提升工程、沃土工程、千万亩（15 亩 =1 公顷，1 亩 ≈667 平方米）标准农田质量提升工程等项目的实施，衢州市的耕地质量有了明显的提升，耕地地力等级以二等田为主。衢州市耕地土壤的主要理化性状是：有机质、全氮含量中等，可利用的磷、钾含量缺乏，微量元素锌、硼缺乏。土壤质地比较适中，但耕作层偏浅。为此，衢州市耕地地力提升途径是：重视有机肥施用，提倡肥—稻轮作和秸秆还田，这样既能改善水田的耕层土壤板结，又可缓解土壤缺磷、缺钾的现象。在施用有机肥的基础上应辅以化肥和微肥。并加深耕层厚度，同时对酸性土壤应提倡施用石灰或石灰石粉。

衢州市所辖 6 个县（市、区）的耕地地力等级情况如下。

1. 柯城区耕地地力等级情况

柯城区评价的耕地面积有 20 301.73 公顷，其中一等田 630.87 公顷，占 3.1%；二等田 19 380.27 公顷，占 95.5%；三等田 290.6 公顷，占 1.4%。一等田主要分布在九华乡和花园街道，分别占一等田面积的 36.00% 和 28.92%；一等田中面积最大的土属是黄泥土（199.8 公顷）和泥质田（161 公顷）。二等田主要分布在石梁、九华、航埠和华墅等乡镇，分别占 19.52%、17.38%、11.25% 和 10.85%；二等田中面积最大的土属是泥质田（2 369.67 公顷）、红紫泥砂田（2 251.13 公顷）、红紫砂土（1 911.4 公顷）、黄泥砂田（1 649.27 公顷）和泥砂田（1 526.8 公顷）。

2. 衢江区耕地地力等级情况

衢江区评价的耕地而积有 29 847.47 公顷，其中一等田 3 934 公顷，占 1.3%；二等田 28 706.4 公顷，占 96.2%；三等田 747.67 公顷，占 2.5%。一等田主要分布在莲花镇、云溪乡、上方镇和高家镇，分别占一等田面积的 18.49%、16.91%、0.88% 和 10.39%；一等田中面积最大的土属是泥质田（145.73 公顷）、老黄筋泥田（64.8 公顷）和黄泥土（61.13 公顷）。二等田主要分布在高家、莲花、廿里和后溪等乡镇，分别占 11.35%、10.38%、9.80% 和 9.14%；二等田中面积最大的土属是泥质田（5 131.47 公顷）、黄泥砂田（2 985 公顷）、泥砂田（2 681.47 公顷）、江紫泥砂田（2 664.73 公顷）、红砂土（2 144.93 公顷）和老黄筋泥田（2 104.33 公顷）。

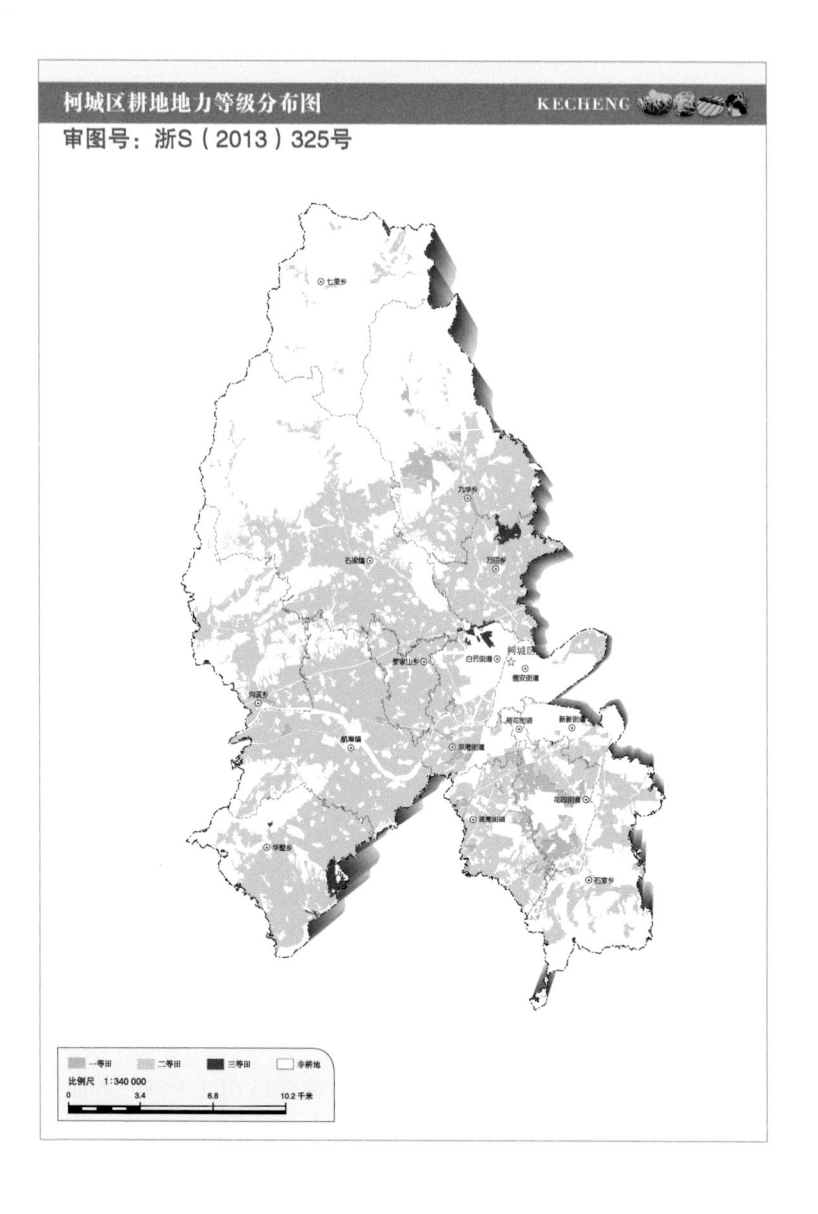

柯城区耕地地力等级分布图

审图号：浙S（2013）325号

KECHENG

衢江区耕地地力等级分布图

审图号：浙 S（2013）325 号

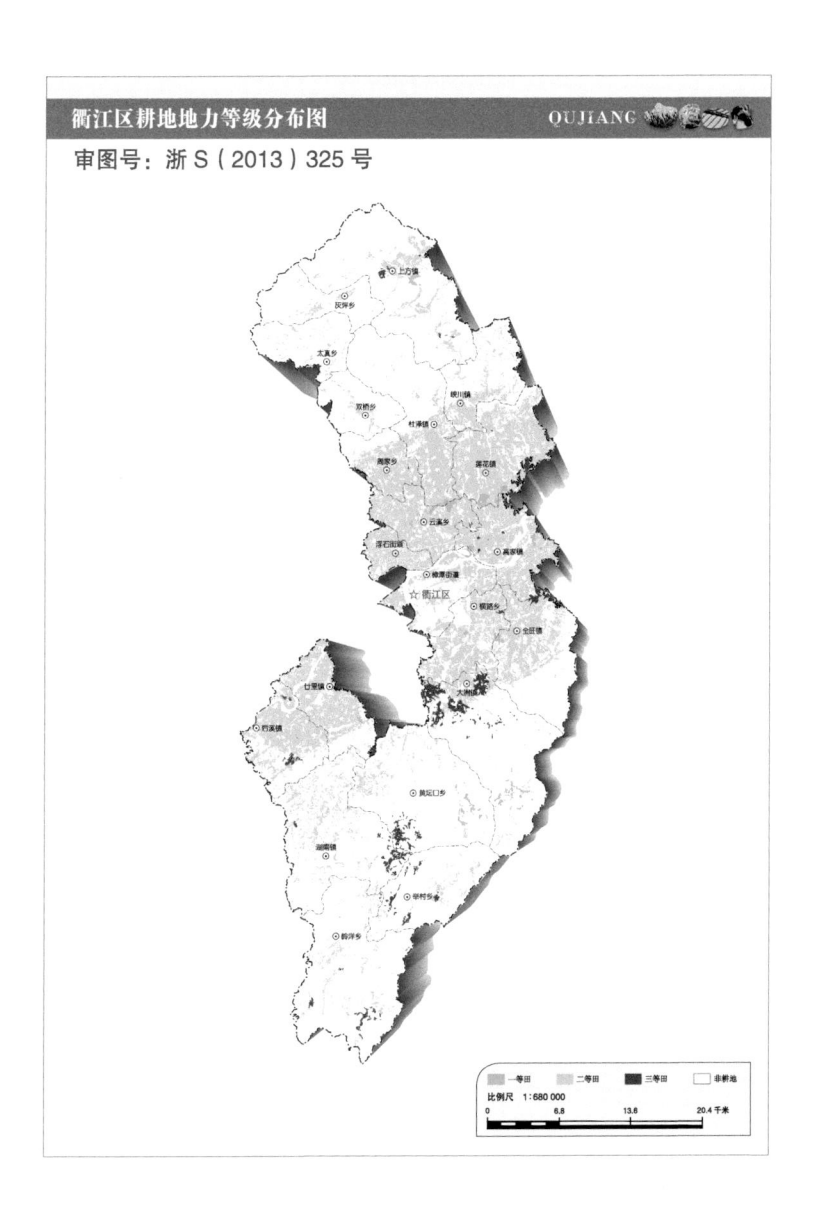

3. 龙游县耕地地力等级情况

龙游县评价的耕地面积有 28 986.47 公顷，其中一等田 1 585.2 公顷，占 5.5%；二等田 26 816.6 公顷，占 92.5%；三等田 584.67 公顷，占 2.0%。一等田主要分布在湖镇镇、横山镇、塔石镇和东华街道，分别占一等田面积的 41.53%、2.52%、12.02% 和 10.08%；一等田中面积最大的土属是泥质田（385 公顷）、培泥砂田（296 公顷）、钙质紫泥田（200.07 公顷）和紫泥砂田（177.53 公顷）。二等田主要分布在湖镇、塔石、模环、詹家、小南海和横山等乡镇，分别占 15.20%、13.09%、12.13%、9.72%、9.31% 和 8.97%；二等田中面积最大的土属是黄泥砂田（2 966.67 公顷）、紫泥砂田（2 927.67 公顷）、红紫泥砂田（2 860.4 公顷）和红砂土（2 695 公顷）。

4. 江山市耕地地力等级情况

江山市评价的耕地面积有 34 334.8 公顷，其中一等田 3 689.47 公顷，占 10.7%；二等田 29 268.6 公顷，占 85.2%；三等田 1376.73 公顷，占 4%。一等田主要分布在贺村镇、清湖镇、峡口镇、淤头镇和凤林镇，分别占一等田面积的 19.11%、16.78%、12.92%、11.19% 和 10.85%；一等田中面积最大的土属是黄泥砂田（911.2 公顷）、红紫砂土（628.47 公顷）、泥质田（317.33 公顷）和泥砂田（313.2 公顷）。二等田主要分布在上余、凤林、贺村、峡口和石门等乡镇，分别占 9.12%、7.95%、7.72%、7.36% 和 7.11%；二等

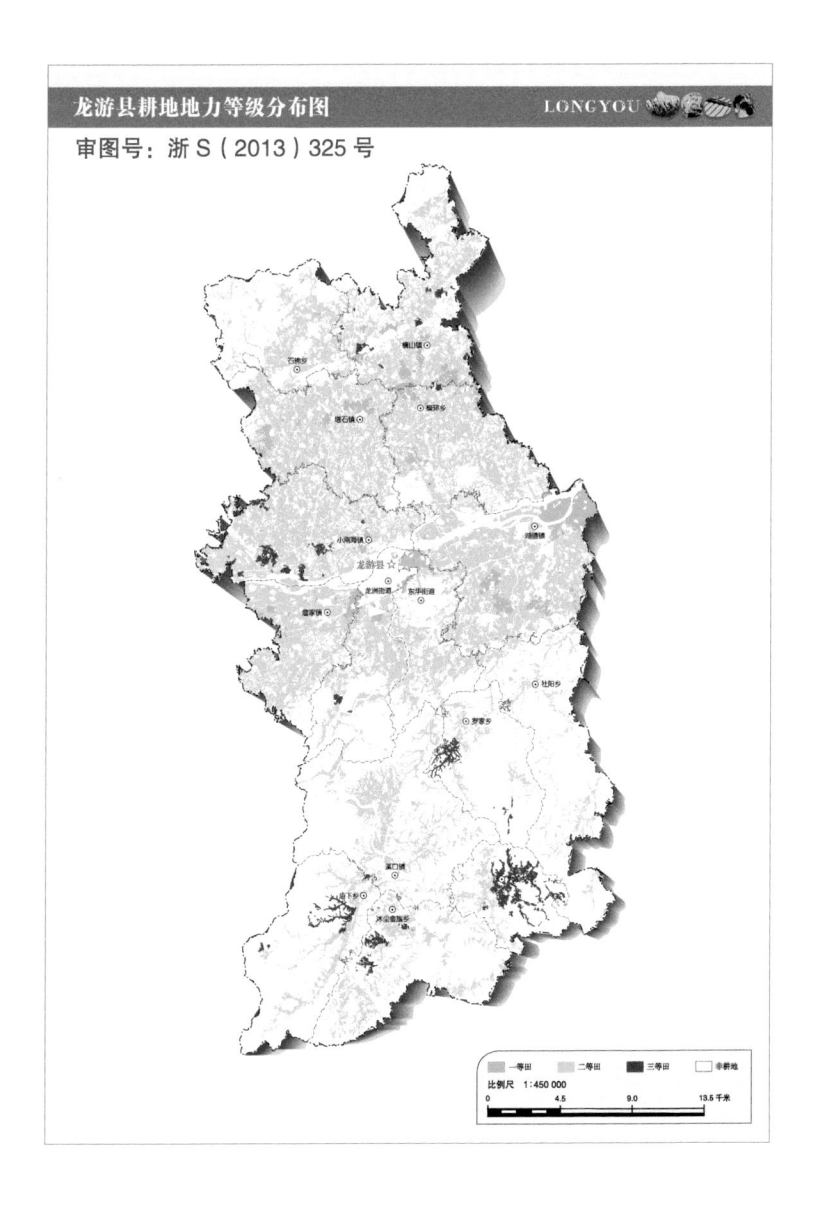

龙游县耕地地力等级分布图

审图号：浙S（2013）325号

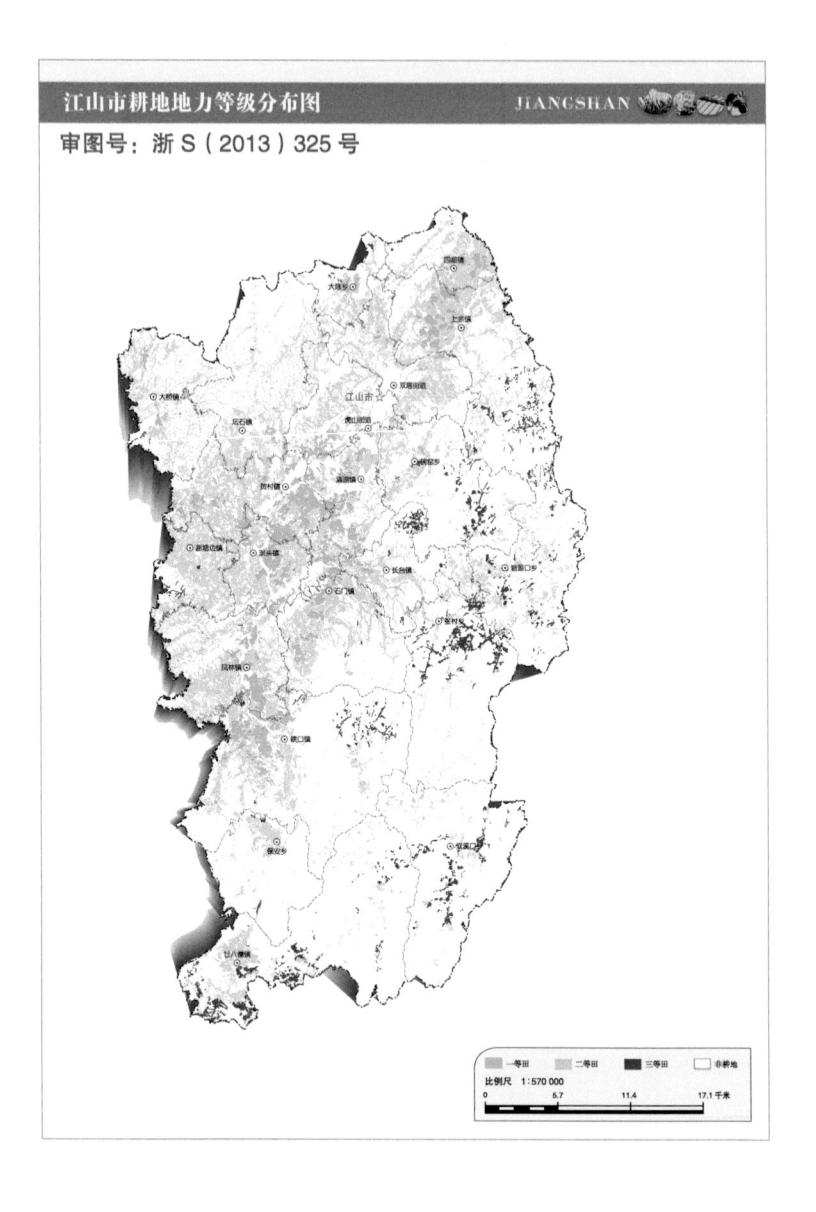

田中面积最大的土属是黄泥砂田（5 746.93 公顷）、红紫砂土（4 259.47 公顷）和黄泥土（4 256.8 公顷）。

5. 常山县耕地地力等级情况

常山县评价的耕地面积有 21 095.13 公顷，其中一等田 338.07 公顷，占 1.6%；二等田 20 490.93 公顷，占 97.1%；三等田 266.13 公顷，占 1.3%。一等田主要分布在天马镇和球川镇，分别占一等田面积的 40.37% 和 21.87%；一等田中面积最大的土属是黄泥砂田（75.13 公顷）、黄红泥土（46.33 公顷）、紫泥砂田（31.67 公顷）、黄泥田（27.07 公顷）和油黄泥（21 公顷）。二等田主要分布在天马、球川、青石和招贤等乡镇，分别占 15.45%、11.36%、11.34% 和 10.58%；二等田中面积最大的土属是黄泥土（2 811.47 公顷）、黄红泥土（2 747.6 公顷）、黄泥砂田（2 736.93 公顷）和紫泥砂田（1 390.47 公顷）。

6. 开化县耕地地力等级情况

开化县评价的耕地面积有 17 975.73 公顷，其中一等田 1 112.33 公顷，占 6.2%；二等田 15 294.33 公顷，占 85.1%；三等田 1 569.07 公顷，占 8.7%。一等田主要分布在城关镇和马金镇，分别占一等田面积的 33.95% 和 25.21%；一等田中面积最大的土属是黄红泥（257.47 公顷）、培泥砂田（170.93 公顷）和油黄泥（149.67 公顷）。二等田主要分布在华埠、音坑、苏庄、池淮、马金、何田和城关等乡镇，分别占 9.45%、8.80%、8.32%、7.90%、7.72%、6.82% 和

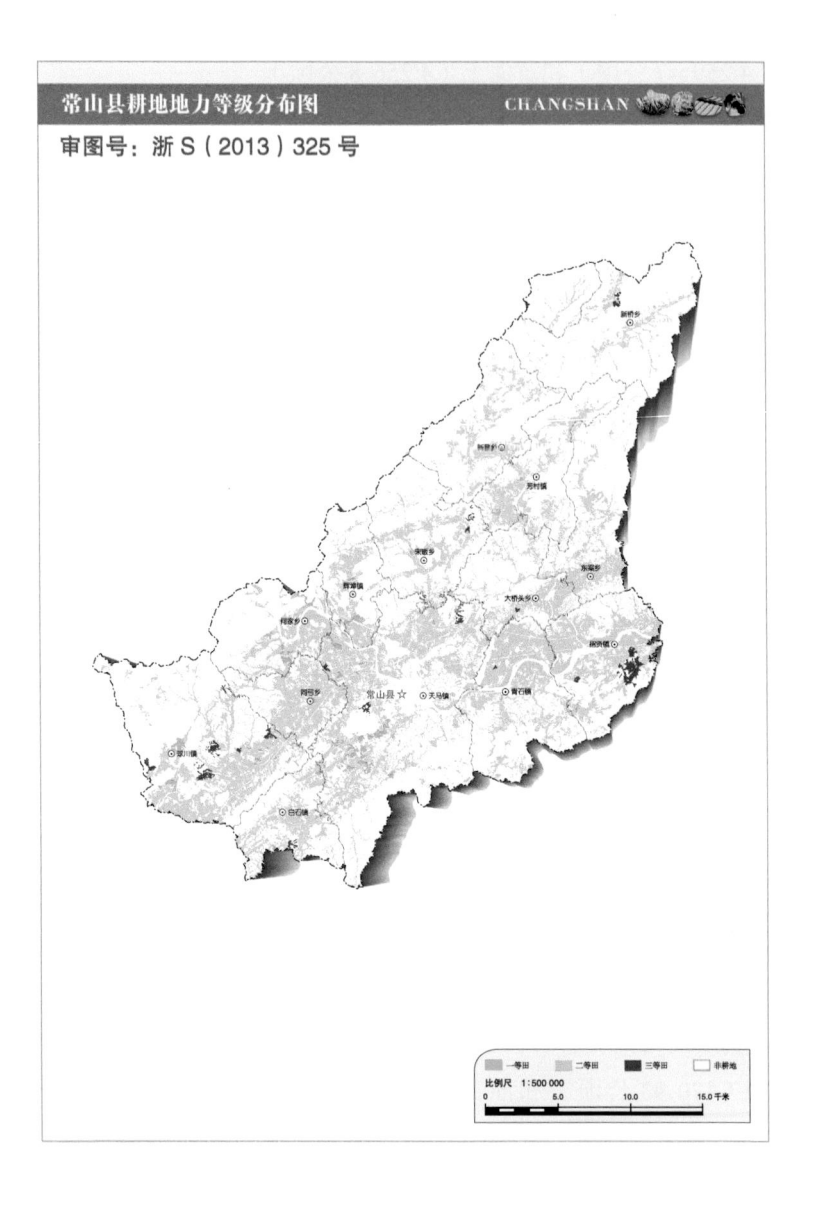

常山县耕地地力等级分布图

CHANGSHAN

审图号：浙S（2013）325号

开化县耕地地力等级分布图

KAIHUA

审图号：浙 S（2013）325 号

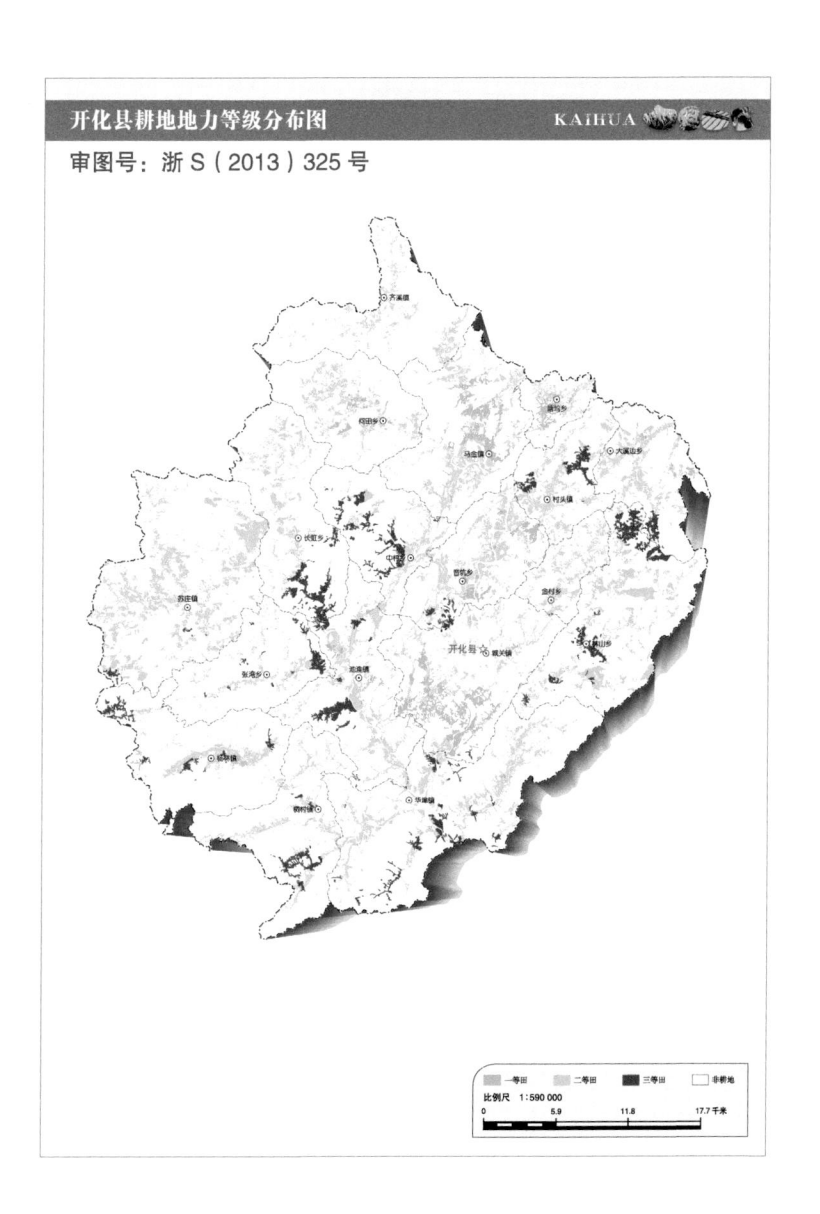

6.81%；二等田中面积最大的土属是黄红泥（4 816.4 公顷）、黄泥土（2 802.93 公顷）、油黄泥（1 551.73 公顷）和培泥砂田（1 367.8 公顷）。

第二章

耕地质量提升与土壤改良

一、土壤有机质提升技术

增加土壤有机质的目的是提高土壤保肥供肥性能和土壤保蓄性能，改善土壤通透性。土壤有机质含量是反映土壤肥力的重要指标之一，在培肥地力、改善作物品质及食品风味、提高农产品国际市场竞争力等方面具有重要作用。

（一）种植绿肥

绿肥是指利用植物生长过程中所产生的全部或部分新鲜植物体原地或异地直接翻压或者经过堆沤发酵后施用到土地中作肥料的绿色植物体，顾名思义也即"绿色的肥料"。它是生态农业的重要组成部分，是我国传统农业的精华，曾在农业生产中起到举足轻重的作用，为我国粮食稳定和发展做出了重大贡献。可有针对性地发展冬季绿肥、夏季绿肥，稳定和提高绿肥种植面积。冬绿肥主要以紫云英为主，适当兼顾黑麦草、蚕豌豆、大荚箭筈豌豆等菜肥兼用、饲肥兼用、粮肥兼用的经济绿肥。扩大种植如印尼绿豆、赤豆等夏绿肥，逐步建立粮—肥（经、饲）种植模式或果园套种模式。下面介绍 2 种常见的绿肥种植技术。

1. 稻田紫云英种植技术

（1）品种选择，种子处理。选用适合本地的良种种植，要求种子发芽率高且有适应性广、根系发达、分枝能力强等特点。种子处理在播种前应适当选择晴天的中午，将紫云英摊晒1 天，晒种后加入一定量的细沙擦种，将种子表皮上的蜡质擦掉，以提高种子的吸水速度和发芽率。擦种一般放入碾米机中进行。播种前一天，浸种过夜、捞起晾干。为了提高种子成活率，促进生长，每亩用钙镁磷肥 8 千克拌种，加 5 千克细沙拌匀后撒播。

（2）适时播种，均匀撒播。开沟排水，待田间水落干，土壤保持湿润状态后播种，有利于早出苗、出齐苗、多出苗。紫云英属春发性作物，冬季生长缓慢，一般在白露至秋分之间播种较为适宜，过早播种易遭冻害，若延迟播种紫云英鲜草产量会下降，一般每亩播种量 1.5~2.0 千克。撒播种子要均匀，采取"分畦定量，握籽少，抛得高，跨步匀，看得准，来回或纵横交叉播种"。晚稻收割后，由于气温逐渐降低并容易出现霜冻，易造成紫云英幼苗冻害，最好能在水稻收获后将稻草均匀分散覆盖在稻田上，起到保湿防冻作用，同时可以避免部分地方稻草过多堆积造成紫云英苗死亡的问题。

（3）开沟防涝，科学追肥。紫云英喜湿润，既怕旱，又怕渍水。播种后，黏重土壤应适当晒田，达到土软而不烂，以免陷种烂芽。沙质土为避免种子发芽后干旱，应采取浅水播种，待种子萌发后再排水。整个生育期应保持土壤有一定的湿度，做到田间能排能灌；水稻收割后要开好十字沟、环田沟、沟沟相通，大雨不积水，雨过田干；如遇干旱，土壤发白，应及时灌"跑马水"湿润土壤，以适应紫云英的生长要求。肥力差的稻田应追施 1~2 次肥料，以"小肥养大肥"，可显著增加绿肥产量。施肥分为基肥、冬前肥和春肥 3 个阶段。基肥每亩施过磷酸钙 8~10 千克（伴种下田）；在冬至前后追施钾肥，每亩施复合肥 7.5~10 千克，促进冬前壮苗，增强紫云英抗寒能力；立春后，天气逐渐转暖，紫云英开始需要较多的养分，每亩施尿素 3~5 千克，具有"小肥换大肥、小氮换大氮、无机肥换有机肥"的作用。

大田紫云英种植

紫云英根瘤菌有固氮的作用

2. 丘陵冬闲地黑麦草种植技术

（1）精心整地。播种前3~4天整地，翻耕整地前每亩撒施腐熟猪牛粪1 700~2 500千克或商品有机肥500千克以上，钙镁磷肥50千克，酸性较重的红壤土等每亩撒施生石灰50~60千克。没有厩肥和粪水的，可在翻耙前每亩施入2 000千克以上的土杂肥或塘泥等。

（2）细心播种。黑麦草生长适温为9~18℃，生长临界温度为-2℃，可耐短时的最低气温-15℃、最高气温30℃。选用丰产、抗性强和再生力好的品种，如赣选一号等，于9月上旬至11月底条播。一般每亩播种1.5~2.0千克，播种深度1厘米左右，行距 25~30 厘米，播种沟深 1.5~2.0 厘米。播种后覆盖一层厚 0.5~1.0 厘米的土并及时灌 1 次水，促进发芽出苗。

（3）田间管理。黑麦草出苗后 2~3 天，要追 1 次提苗肥，每亩撒施尿素 2~3 千克。当黑麦草长出 2~3 片叶后开始分蘖，每亩撒施尿素 12~15 千克，如能浇施兑水腐熟粪尿 500 千克效果更好，可促其多分蘖、草壮、嫩爽。以后每割 1 次草追肥 1 次，一般每亩撒施尿素 10~15 千克。

（4）压青翻耕。一般每亩翻压黑麦草鲜草量 1 500~2 000 千克为宜。

大田黑麦草种植

黑麦草还田

（二）农作物秸秆还田

秸秆还田是当今世界普遍重视的一项培肥地力的增产措施，同时也是重要的固碳措施。随着经济的发展和城乡居民生活水平的提高，曾经是燃料的农作物秸秆成了多余之物，有些农民由于怕麻烦，不愿将它还田，直接在田里焚烧，既浪费资源又污染环境。农作物秸秆含有作物生长所必需的16种元素，作物秸秆还是土壤微生物重要的能量物质，所以大力推广秸秆还田技术，不仅能增加土壤养分，还能促进土壤微生物活动，改善土壤理化性状，增加土壤有机质含量，提高土壤地力的有效措施。在浙西地区稻草是数量最大的秸秆品种，下面主要介绍水稻秸秆的还田技术。

秸秆直接还田

秸秆翻耕还田

秸秆粉碎还田

1. 稻草还田方式

（1）留高茬还田。收割水稻时，基部留高茬 20~30 厘米，翻压还田。

（2）覆盖还田。稻草覆盖可以遍及各种作物。覆盖前首先要整地播种，因耕作制度和前茬作物不同，整地方法略有不同，总的要求是深耕灭茬、平整土地、施足底肥。播种后可以根据作物种类覆盖稻草。

（3）机械化稻草直接还田。传统的做法是用铡刀将稻草铡成二刀三段或三刀四段。机械化的还田方式是利用联合收割机和旋耕机操作，稻草 100% 还田。

2. 机械化稻草直接还田技术要点

（1）稻草还田作业要求。水稻秸秆还田前应切碎，秸秆粉碎长度 5~10 厘米，过短易漂浮，影响翌年春季灌水整地；过长不易埋覆，机械作业阻力大。参加秋收作业的收获机配备粉碎器和抛撒器，做到秸秆切碎抛匀，全田无积堆。结合深翻作业，保证粉碎的秸秆扣在垡底。

（2）稻草还田作业时机。秸秆还田作业时应在不影响水稻产量和品质的前提下，宜早不宜晚。结合秋季收获、整地实施秸秆还田工作，水稻收获后立即进行秸秆还田作业，潮湿的秸秆有利于秸秆切碎与掩埋，并有利于秸秆的腐烂。

（3）稻草还田注意要点。稻草粉碎后要尽快进行秋翻，让秸秆尽快被翻入土壤，加快秸秆分解的速度。气温较低时，可在秋翻前亩施用尿素 2~3 千克 + 秸秆腐熟剂（按说明使用），加快秸秆的腐烂速度。因秸秆腐烂过程中需要消耗一定量的氮素，在基肥、蘖肥中应适当增施氮肥用量，加速秸秆腐烂，避免出现秧苗返青与秸秆腐解争氮现象。

（三）使用有机肥

施有机肥是土壤肥力提高和作物持续高产的基础，它不仅使土壤有机质含量增加，质量改善，而且可有效提高土壤有益微生物的数量和土壤酶的活性。有机肥施用可以保持土壤 pH 值稳定，减缓土壤的酸化进程，提高土壤碱解氮、有效磷和速效钾含量，改善根际环境，增强土壤保肥供肥能力。有机肥的施用可增强土壤的保水性和固氮能力，有利于水肥的耦合，改良土壤结构。一般来说，有机质提升区域每年应投入有机肥料 1 000 千克 / 亩以上，有机质保持区每年有机肥料投入量在 750 千克 / 亩以上。

商品有机肥生产

商品有机肥包装

1. 商品有机肥推广应用

有机肥料的来源广泛。含有机质并能提供作物需要的养分，对农作物无副作用的物料均可以生产成为有机肥料。因此，有机肥料的种类繁多。广大农民在长期加工、施用有机肥料的过程中，产生许多有机肥料名称，并形成许多有机肥料分类方法，但全国还没有一个统一的有机肥料分类标准。1990年农业部在全国 11 个省份广泛开展有机肥料调查的基础上，根据有机肥料的资源特性和积制方法，把有机肥料归纳为粪尿类、堆沤肥类、秸秆肥类、绿肥类、土杂肥类、饼肥类、海肥类、腐殖酸类、农业城镇废弃物和沼气肥等十大类。实际上，生产中有机肥料的品种远不止这些；在某些地区可能以某种或某几种为主要的有机肥料，其他有机肥料种类很少见到，这与当地有机肥料资源的分布有关。下面着重介绍商品有机肥情况。

粉末状商品有机肥　　　　　　　颗粒状商品有机肥

2. 商品有机肥的技术指标

目前执行的有机肥的标准为：由农业部 2012 年 3 月 1 日发布的 NY 525—2012《有机肥料》农业行业标准。其主要技术指标如下。

（1）有机肥料的技术指标应符合下表的要求。

有机肥料技术指标

项　目	指　标
有机质的质量分数（以烘干基计）（%）≥	45
总养分（氮＋五氧化二磷＋氧化钾）的质量分数（以烘干基计）（%）≥	5.0
水分（鲜样）的质量分数（%）≤	30
酸碱度（pH 值）	5.5~8.5

（2）有机肥料中重金属的限量指标应符合下表的要求。

有机肥料中重金属限量指标

项　目	限量指标
总砷（As）（以烘干基计）（毫克／千克）≤	15
总汞（Hg）（以烘干基计）（毫克／千克）≤	2
总铅（Pb）（以烘干基计）（毫克／千克）≤	50
总镉（Cd）（以烘干基计）（毫克／千克）≤	3
总铬（Cr）（以烘干基计）（毫克／千克）≤	150

（3）蛔虫卵死亡率和粪大肠菌群数指标应符合 NY 884 的要求。

3. 商品有机肥施用的方法及技术要点

（1）撒施法。结合深耕或在播种时均匀地撒施在根系集中分布的区域和经常保持湿润状态的土层中，做到土肥相融。

（2）条状沟施法。条播作物或葡萄、猕猴桃等果树，开沟后施肥播种或在距离果树 5 厘米处开沟施肥。

（3）环状沟施法。柑橘、桃等幼年果树，距树干 20~30 厘米，绕树干开一环状沟，施肥后盖土。

（4）放射状沟施。柑橘、桃等成年果树，距树干 30 厘米

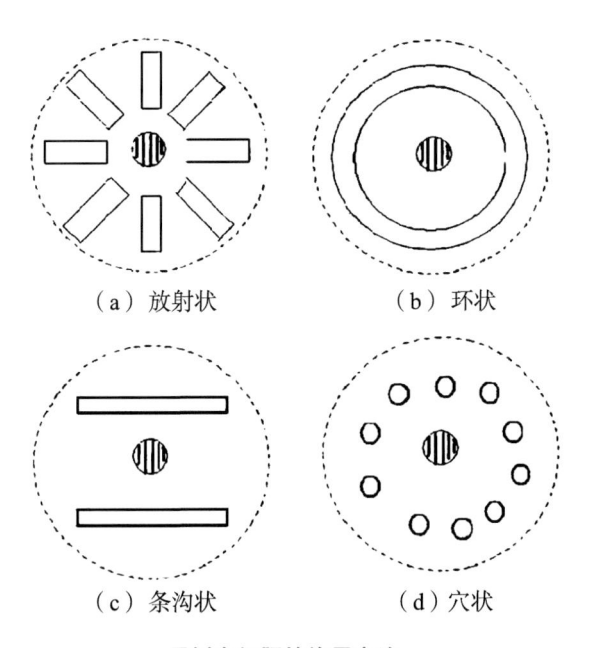

（a）放射状　　　　（b）环状

（c）条沟状　　　　（d）穴状

果树有机肥的施用方法

处，向四周开 4~5 个 50 厘米长的沟，施肥后盖土。

（5）穴施法。点播或移栽作物，如玉米、番茄等，将肥料施入播穴，然后播种或移栽。苗床、绿化地域、保护地中应和土壤表层土充分混匀后铺平再植苗或播种，也可直接铺平地表后植苗或播种。

4. 有机肥施用标准

（1）基肥用量。

① 设施瓜果、蔬菜：西瓜、草莓、辣椒、番茄、黄瓜等，基肥每季每亩 300~500 千克。

② 露地瓜果、蔬菜：西瓜、黄瓜、马铃薯、毛豆及葱蒜类等，基肥每季每亩 300~400 千克。青菜等叶菜类，基肥每季每亩 200~300 千克。

③ 玉米、水稻等粮食作物：基肥每季每亩 200~250 千克。

④ 油菜、花生、大豆等油料作物：基肥每季每亩 300~500 千克。

⑤ 果树、茶叶、花卉等：根据树龄大小，基肥每季每亩 500~750 千克。

⑥ 新垦造平整后的生土地块：3~5 年内每年每亩施 1 000 千克左右，方可逐渐恢复土壤地力。

因有机肥氮磷钾含量和原料不同，配施化肥的养分不同，参考以上施用量，可适当调整。

（2）种肥用量。根据气候条件、种植制度、耕作模式、农民施肥习惯和经济条件等因素，宜采用商品有机肥与化学肥料配合使用的方式。根据作物特点，合理调整化肥使用的品种和数量，同时每亩增施有机肥 40~50 千克，逐步提升土壤基础地力，增加和更新土壤有机质，改善土壤的理化性状和生物活性，创造良好的作物生长环境，提高土地生产力，实现增产增收。

5. 有机肥施用注意事项及方法

（1）商品有机肥的长效性不能代替化学肥料的速效性，必须根据不同作物和土壤，再配合尿素、配方肥等施用，才能取得最佳效果。

（2）商品有机肥施用方法一般是作基肥和种肥使用为主，在作物栽种前将肥料均匀撒施，耕翻入土或者配合化肥做种肥播前带入，要注意防止肥料集中施用发生烧苗现象。

（3）商品有机肥做追肥使用时，一定要及时浇足水。

（4）商品有机肥在高温季节旱地作物上使用时，一定要注意适当减少施用量，防止发生烧苗现象。

（5）要注意商品有机肥的酸碱度（pH 值），在不同土壤环境下应注意其适应性和施用量。

水稻田施用商品有机肥

新垦造耕地施用商品有机肥

果园施用商品有机肥

二、土壤调酸技术

土壤酸化现象在我国长江以南的广大地区非常普遍。土壤酸化会导致耕地土壤结构变差、肥力降低、营养元素流失和重金属元素溶解度增加等，影响作物产量和质量，直接威胁我国粮食安全。施用石灰粉、白云石粉等调酸材料，一方面可以降低土壤中交换性酸和交换性铝的含量，并补充土壤中钙、镁等营养元素，起到改良土壤的作用；另一方面可以提高土壤的硝化能力，提高土壤微生物的多样性、活性和生物量，从而实现培肥土壤的目的。此外，在酸性土壤中施用石灰，可以显著提高土壤 pH 值，增加阳离子交换量；并且石灰可以通过吸附、沉淀、离子交换等作用改变土壤重金属的形态，降低土壤中重金属的有效性，抑制重金属从土壤植物的迁移，从而降低农产品中重金属的含量，实现安全生产。常用土壤调酸改良剂主要有生石灰（主要成分 CaO）、石灰石粉（主要成分 $CaCO_3$）和白云石粉 [主要成分 $CaMg（CO_3）_2$]。一般生石灰较白云石粉的施用效果好，但由于生石灰施入土壤里反应较为剧烈，另外调酸的持效性较白云石粉低，同时对施用人具有潜在的伤害性。具体选择可以结合施用习惯，最好选用机器施用，同时做好防护。下面主要介绍施用石灰的一些技术要点和技术流程。

（一）技术特点

（1）石灰粉、白云石粉等是碱性物质，在酸性土壤中施用后可提高土壤 pH 值，调整土壤结构从而改良土壤，增加土壤肥力。

（2）酸性土壤适量施用石灰粉或白云石粉，可以增强微生物的活动，促进有机质的分解和氮素固定作用，使土壤中养料增加和团粒结构形成。同时，石灰还可直接为作物提供钙素营养，提高作物产量。

（二）技术流程

施用石灰粉的技术要点如下。撒施：采用人工或机械化的方式，将石灰粉均匀地撒施在耕地土壤表面。翻耕：采用人工或机械化进行，翻耕深度至少在 15 厘米。老化：旋耕后老化一般时间，按常规种植步骤生产，如下页图。

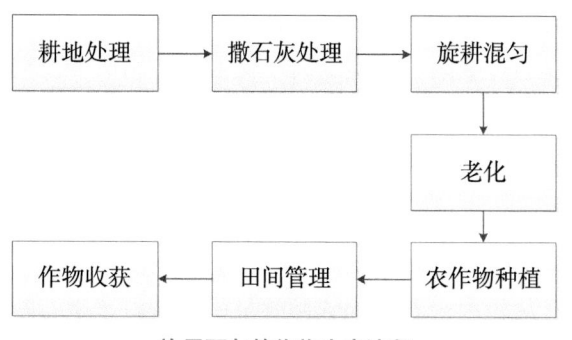

施用石灰的作物生产流程

（三）适宜范围和注意事项

1. 适宜范围

适用于 pH 值 <6.5 的酸性耕地质量提升和土壤改良，一般每亩施用 50~200 千克。

偏酸性土壤石灰调酸

2. 注意事项

（1）为了错开农时与方便石灰施用，可选择在当年第一季水稻移栽前或中稻、晚稻收获后的冬闲田或秋冬作物种植前施用石灰或白云石粉。一般建议分多次少施，施用频率可以为每年1次，为节约人工也可以每2年1次，且稻田土壤 pH 值达到7.0后需停施。

（2）白云石、石灰粉及石灰类物质的施用量需根据当地土壤类型和土壤酸化程度具体确定。

（3）施用石灰等碱性物质后因土壤 pH 值升高将引起土壤中氨挥发，磷、锌、硼等营养元素的有效性下降。因此，施用石灰时应配合施用适量有机肥料，或适当增施 10%~20% 的磷肥和微量元素肥料，以保证水稻正常生长。同时，石灰不能与碳铵、硫酸铵、氯化铵等氮肥混施，防止形成氨气挥发而降低肥效。

（4）连年过量施用石灰容易破坏土壤团粒结构，导致土壤出现板结现象。

使用石灰时要注意防护

三、土壤氮磷钾及微量元素的提升技术

1. 土壤氮磷钾提升技术

氮磷钾是植物需要的大量元素，土壤氮磷钾元素的提升技术即大量元素养分均衡化施肥矫正技术。大量元素养分均衡化矫正施肥以化学肥料为主，但需要考虑大量施用有机肥和秸秆还田等带入的养分量。常用的化学氮肥有尿素、硫酸铵、硝酸铵等，磷肥有过磷酸钙、钙镁磷肥等，钾肥有硫酸钾和氯化钾等。

土壤氮磷钾养分分级标准

项目	测定方法	分级水平					
		高	较高	中上	中下	较低	低
全氮（克/千克）	开氏法	>2.5	2~2.5	1.5~2.0	1~1.5	0.5~1	<0.5
碱解氮（毫克/千克）	碱解扩散法	>200	150~200	120~150	90~120	30~90	<30
有效磷（毫克/千克）	Bray法	>35	25~35	18~25	12~18	7~12	<7
	Olsen法	>30	20~30	15~20	10~15	5~10	<5
速效钾（毫克/千克）	乙酸铵法	>200	150~200	100~150	80~100	50~80	<50

　　土壤中氮的提升：氮肥的用量是根据土壤供氮状况和作物需氮量，进行实时动态监测和精确调控的，需要根据不同土壤、不同作物、同一作物的不同品种、不同目标产量、土壤氮提升水平等确定施氮量。

　　土壤中磷钾元素的提升：磷钾肥用量依据土壤有效磷、速效钾测试结果，按照土壤氮磷钾养分分级标准要求进行分级，当有效磷、速效钾水平处在中等偏上时，将目标产量需要量（只包括带出田块的收获物）的100%~110%作为磷、钾肥用量；中等偏下土壤适当增加磷、钾肥用量；在极缺磷的土壤上，增大需要量至作物带走量的150%~200%。大田常规作物磷、钾肥料以结合土壤翻耕整地基肥施用为主。宜在1~2年后重新测土，并根据土壤有效磷、速效钾含量水平、施肥反应和主导产业农作物产量的变化对原施肥方案进行调整。

测土配方施肥，有针对性地提升土壤氮磷钾含量

土壤氮磷钾提升注意事项：土壤氮磷钾的提升要平衡土壤养分，同时满足作物对氮磷钾的需求，协调作物的正常生长，减少肥料的浪费，提高肥料的利用率。在施肥时不仅要考虑作物的需求，也要考虑培肥土壤的要求，同时还需要考虑土壤本身的性状，在施肥提升土壤氮磷钾时要注意以下 3 点。

（1）培肥土壤，增强土壤自调能力。提高肥力的一项重要措施就是增施有机肥，土壤有机质不仅自身含有各种养分，能平衡土壤养分，而且对提高土壤保肥性，增强土壤供肥性都有重要作用。

（2）根据作物需要，实行合理施肥。这是调节作物和土壤养分供需的最主要技术措施。可根据当地气候条件、土壤养分供应能力和作物生长情况决定施肥的种类、数量和时间；根据当地土壤养分变化，制定施肥方案。

（3）调节土壤营养的环境条件，提高土壤供肥力。土壤供肥力不仅决定于土壤养分含量，而且还决定于水、热条件以及土壤反应、氧化还原状况等多种因素。因此，通过调控这些因素也可达到调节土壤养分的目的。"以水调肥"、"以温调肥"、施用石灰等都是调节土壤养分的重要措施。

2. 土壤微量元素提升技术

微量营养元素是指在植物体内含量低，一般在 0.1% 以下，主要是铁、硼、锰、铜、锌、钼和氯等。作物对微量元素的需求量虽然很少，但是它们同大量元素一样，也直接参与植物体内的代谢过程，严重缺乏微量元素可以使许多植物发生病害症状而减产甚至颗粒无收，所以提升土壤微量元素具有十分重要的作用。

提升土壤中微量元素主要通过施用微量元素肥料来补充，常用的微量元素肥料有硼肥、钼肥、锌肥、铜肥、锰肥、铁肥等。它们在林木、牧草、粮食作物、果树、蔬菜上施用，均有相互不能替代的作用，针对缺素土壤和敏感植物施用微肥，增产效果十分显著。增施有机肥是提升土壤微量元素有效安全的措施，有机肥中含有植物需要的多种微量元素，可以通过秸秆还田，施用农

微量元素叶面肥

家肥、商品有机肥等措施增施有机肥。

3. 施用微肥提升土壤微量元素含量注意事项

（1）土壤施用微量元素肥料有后效，一般可 3~4 年施用 1 次。

（2）许多微量元素从缺乏到过量间的浓度范围相当狭窄，因此施入土壤的微量元素肥料必须均匀。

（3）根据具体条件施用含微量元素的大量元素肥料，如含硼的过磷酸钙，含某种微肥的复合肥料等，也可以把微量元素肥料混拌在有机肥中施用。

（4）采用条施或穴施等集中施用方式。

（5）选择相应的微量元素肥料施在敏感程度高的作物上。

（6）果树对微量元素养分的要求比一年生的大田作物迫切，优先在果园中施用微量元素肥料。

（7）微量元素肥料用量过大不仅对作物有毒害作用，还有可能污染环境或进入食物链，危害人畜健康，因此要严格控制施用量，并要求施用时力求均匀。

第三章

健 康 土 壤

　　健康的土壤是一个活性的、动态的生态系统，是农作物系统的基础，也是食物系统的基础，土壤质量和农产品的质量直接相关。在过去几十年间，农业技术的提高和因人口增长而带来的粮食需求增长，使得土壤承受的压力越来越大。在许多地方，集约化作物生产已经耗尽土壤资源，破坏了土壤生产能力，危及子孙后代的粮食供给。因此当前的首要任务是管理好土壤的生态系统，进而促进农业整体生产管理系统和社会、生态及经济层面的可持续发展。

　　要管理好土壤的健康，既要有增，也要有减。"增"即如第二章所述，是提高土壤的养分含量，本章着重介绍健康土壤中的几个"减"。

健康的土壤

一、化肥减量

农田长期使用化肥一方面会引起土壤的酸化，过磷酸钙、硫酸铵、氯化铵等都属生物酸性肥料，易造成土壤酸化，尤其在连续施用单一品种化肥时，短期内即可出现这种情况。土壤酸化后会导致有毒物质的释放，对生物体产生不良影响。长期使用化肥还会导致土壤板结，肥力下降。化肥使用过多，大量的铵根离子、钾离子和土壤胶体吸附的钙镁离子等阳离子发生交换，使土壤结构被破坏，导致土壤板结，进一步影响了土壤微生物的生存，不仅破坏了土壤肥力结构，而且还降低了肥效。另一方面制造化肥的矿物原料及化工原料中，含有多种重金属放射性物质和其他有害成分，它们随着施用化肥进入农田土壤造成污染，同时，化肥施入土壤后，被作物吸收利用的只占其施入量的 30%~40%，其余一部分固定于土壤中，还有一部分经挥发、分解、渗漏淋溶迁移出土壤，进入周围的水、土、大气中，造成周边环境的破坏。

要做到化肥减量关键是把握好"精、调、改、替"：做到精准施肥、调整化肥施用结构、改进施肥方式、有机肥替代化肥。笔者结合上述要求，根据实践经验，对化肥减量增效技术做出整理和总结，供广大农民朋友参考。

（一）测土配方施肥技术

测土配方施肥是根据作物需肥规律、土壤供肥性能和肥料效应，在合理施用有机肥料的基础上，选择氮、磷、钾及中微量元素等肥料的施用数量、施肥时期和施用方法。测土配方施肥技术有针对性地补充作物所需的营养元素，作物缺什么元素就补充什么元素、需要多少就补多少，实现各种养分平衡供应，满足作物的需要，从而达到提高作物产量、降低农业生产成本、保护农业生态环境的目的。

测土配方施肥土壤样品采集

（二）机械化深施肥技术

机械化深施肥技术主要是指使用农业机械在耕翻、播种和作物生长中期将化肥按农艺要求的种类、数量和化肥位置效应施于土壤表层以下一定的深度。这主要包括深施底肥、深施种肥（也称种肥同播）、深施追肥。机械化深施可以减少化肥损失，提高化肥利用率，节省成本，增加效益。

（三）水肥一体化技术

水肥一体化技术是将施肥与灌溉结合在一起的农业新技术。它通过压力管道系统与安装在末级管道上的灌水器，将肥料溶液以较小流量均匀、准确地直接输送到作物根部附近

机械翻耕施肥

的土壤表面或土层中的灌水施肥方法，可以把水和养分按照作物生长需求，定量、定时直接供给作物。其特点是能够精确地

物联网水肥一体化灌溉系统

控制灌水量和施肥量，显著提高水肥利用率。增产增效情况与传统技术相比，蔬菜节水 30%~35%，节肥 40%~45%；果园节水 40%，节肥 30%；蔬菜产量增加 15%~22%，水果增产9%~15%。

（四）有机肥替代化肥

有机肥种类多、肥源广、易于积制、成本低、施用简单，是发展优质、高效、低耗农业的一项重要技术。坚持有机肥替代化肥的施肥方式可以有效地改良土壤理化性状，增强土壤肥力；使有机肥与化肥的缓效与速效得到优势互补；也减少化肥的挥发与流失，增强保肥性能，较快地提高供肥能力；据研究表明，增施有机肥还可提高作物抗逆性、改善品质。

有机肥替代化肥田间试验

（五）使用新型施肥技术

农民朋友在施肥时做到精准投放化肥，避免过度使用，在有条件的地方采用滴灌的方法均匀施用液体肥料。同时可以考虑一些高效缓释肥、水溶性肥料、生物肥料、土壤调理剂等新型肥料的使用，尝试一些新型的施肥方式和技术，如施用高含量的多元复合肥，减少施用低含量的复混肥；积极试用和推广高能有机无机复合肥，在施肥的同时，配施高含量有益微生物的肥药兼用肥等。

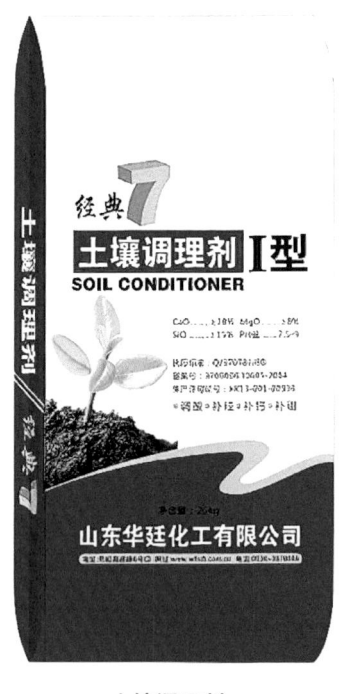

土壤调理剂

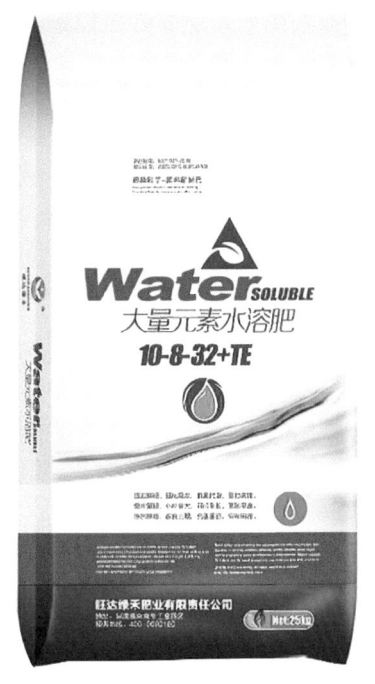

水溶性肥料

二、农药减量

过多地使用农药对土壤的污染是由施用杀虫剂、杀菌剂及除草剂等引起的，农药大多是人工合成的分子量较大的有机化合物（有机氯、有机磷、有机汞、有机砷等）。施于土壤中有的化学性质稳定，存留时间长，大量而持续使用农药，使其不断在土壤中累积，到一定程度便会影响作物的产量和质量，而成为污染物质。因此坚持农机农艺结合，科学用药，能够在一定程度上减少对土壤的污染，保障农产品的安全。要降低土壤中农药的残留主要通过以下举措来实现。

（一）使用高效双低农药

政府部门加强禁限用农药管理，加快"两高"农药（高

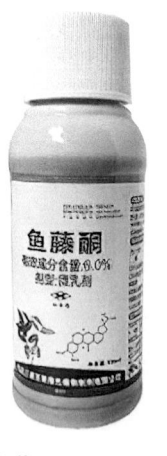

常见的绿色生物农药

毒、高残留）替代，加大力度推进高效双低农药（低毒、低残留）和生物农药推广应用，扩大优秀农药产品在农业生产上的应用。

（二）推广绿色防控技术

农民朋友们要多掌握一些绿色防控的方法，有条件的地方要多用太阳能杀虫灯、性诱剂、色板诱虫、田埂种花留草、果园生草等绿色防控技术及产品防控病虫害，减少化学农药使用。

利用太阳能杀虫灯诱杀害虫

利用诱虫板灭虫

（三）普及科学安全用药常识

政府部门要根据当地作物布局和病虫害发生规律，切实加强重大病虫害的监测预警，推广应用病虫监测工具，及时准确发布病虫情报，科学制定防控策略，指导农民适时用药。针对病虫害发生特点，及时发布病虫害防治用药指导目录，向农民推荐安全、高效农药配方，指导农民正确选药。

虫情测报灯

（四）提高农药利用率

有条件的种植主体可以考虑购买和使用先进植保机械，提高病虫害防控的机械化水平，提高作业效率和防治效果，减轻劳动强度，减少农药用量、用药成本和人工成本，提升农业生产效益。

无人机喷洒农药

三、农田氮磷生态拦截

依据生态工程原理，采用工程、生物等措施对农田排水及地表径流中的氮、磷等物质进行拦截、吸附、沉积、转化、降解以及吸收利用，从而对农田流失的氮、磷等养分进行有效拦截，达到控制养分流失、实现养分再利用、减少水体污染物质等目的。

氮磷生态拦截沟渠则是在确保排水沟渠排涝、排渍或防治土壤盐碱化等功能基础上，通过在沟渠中设置节制闸坝、拦水坎、集泥井、透水坝等辅助性工程设施以及采用植生材料、配置植物群落等生物措施，改善沟渠生境条件，重建和恢复沟渠生态系统，强化沟渠对氮、磷等物质的拦截净化能力。

开展农田面源污染生态拦截沟渠建设，示范区域内农田排水化学需氧量、总氮和总磷分别减少20%、30%和30%以上，实现田园美丽，生态良好；形成一批可复制、可推广的技术模式，为浙江省全面实施农田面源污染治理、加快农业绿色发展提供示范样板和经验。

重点在农业"两区"（现代农业园区和粮食生产功能区）开展农田生态沟渠项目建设，基础条件较好、农业面源污染比较严重的永久基本农田保护区、重点饮用水源保护区等区域也可结合当地实际开展试点工作。

规范化氮磷生态拦截沟渠是针对沟渠结构不甚合理、水土流失和底泥淤积严重、排水不畅、外来入侵植物丛生、本土优势植物缺失等所造成的生态功能退化问题，优化沟渠结构，清挖淤泥，清除杂物和外来入侵植物，加固边坡，合理配置水生植物，建设节制闸、拦截坝、拦水坎、反硝化除磷装置及水质水量动态监测点等设施，在确保排水安全的同时，提升沟渠的生态功能。

规范化氮磷生态拦截沟渠

　　高标准氮磷生态拦截沟渠是针对硬化沟渠（三面光）生物亲和性差、生态功能表现欠佳等问题，在规范化生态拦截沟渠的基础上，应在沟渠内和承泄区因地制宜地建设底泥污染捕获拦截、阶梯污染截流、复合式生态浮床、透水坝、循环生态水塘等有利于提升沟渠和承泄区净化能力和生态修复的设施，采用植生型材料改善沟渠生境，优化配置本土优势植物，营造出美丽宜人的田园、河湖景观。

高标准氮磷生态拦截沟渠

四、土壤安全利用

万物土中生，没有洁净的土壤也就很难保证农产品的安全。近年来土壤污染治理和安全利用都受到了广泛的关注，各级政府也纷纷出台政策来应对该项重要工作，土壤的安全直接关乎着老百姓吃得是否安全，因此从政府的角度必须在以下方面做好工作。

（一）加强外来污染源头防控

加强农田土壤监测，针对工矿企业周边易被污染的农田，在农田周边设立污染缓冲区，建设污染隔离带；针对产地周边大气污染排放和主要交通线，建立适宜的树木隔离带；针对受污染的地表水体周边农田，改造田间灌渠系统，实行灌排分离，建设生态沟渠。

农田土壤环境监测

（二）加强农业面源污染防控

实行农业投入品清洁化替代，采用低重金属含量的化肥、碱性肥料及有机肥料替代化肥。实行农药、化肥减量增效行动，开展生物和物理防虫、防菌、防病措施，推广绿色环保农药；开展测土配方施肥，种植绿肥，沼渣沼液综合利用等一系列措施，减少化肥施用量，提高化肥利用率。

沼液综合利用

（三）应用低积累品种

结合当地主要作物品种、种植习惯，开展低积累品种筛选和应用，重点针对不同作物品种对重金属的吸收特征，选育抗性强、重金属低积累的作物品种，确保选育的低积累品种不减产、农民不减收。

（四）实施农艺综合调控措施

根据作物不同生育期水肥需求特征及重金属关键积累期，实施农艺综合调控措施，趋利避害，在不影响产量和品质的前提下，确保作物可食部位的安全。

（五）开展土壤环境改良工程

通过施用钝化剂、微生物菌剂、有机肥、土壤调理剂等，开展土壤环境改良工程，提高土壤 pH 值、增加土壤有机质，降低重金属等污染物在土壤中的活性和危害程度，阻控作物对土壤中污染物的吸收，提升土壤环境容量和抗风险能力。

（六）调整种植结构，采用替代种植技术

针对受污染耕地和当地种植作物的实际情况，在各种安全利用技术不能保证粮食（主要水稻）作物可食部位污染物达标的前提下，以市场为导向，以资源为基础，以科技为依托，调整种植结构，采用替代种植技术，实现受污染耕地的安全利用。

（七）预防农业废弃物二次污染

针对受污染耕地生产的含重金属秸秆废弃物，以无害化、资源化为目标，建立秸秆能源燃料化、原料化等综合利用技术工程，通过秸秆移除和废弃物处理工程，实现耕地污染物的移除和不扩散。加强农业废弃物处置工作，严禁有重金属污染风险的投入品在农田中使用。

第四章

衢州市耕地质量提升与土壤改良的经验与做法

一、全市域"三位一体"统筹推进耕地地力提升

衢州市是浙江省重要的畜产品生产基地，畜禽排泄物放错地方是污染，放对地方是个宝，关键在于如何利用，这是破解畜禽养殖污染、实现农业生态循环发展的根本出路。我们从加快商品有机肥推广应用入手，从提升耕地质量着眼，跳出单一畜禽养殖污染治理的模式，按照畜禽排泄物资源化利用、商品有机肥生产应用和耕地质量提升"三位一体"统筹推进的思路，着力在发展理念创新上下功夫，构建畜禽排泄物资源化利用体系。通过近年的努力，全市年推广使用商品有机肥达到10万吨以上、推广利用沼肥10万亩以上、提升耕地质量10万亩以上，培育沼液浓缩利用示范点3个，沼液利用示范基地100个。

（一）主要做法

一是把握畜禽排泄物资源化利用这根主线。进一步树立生

态理念，立足于以治促转，把工作重心放到畜禽排泄物资源化利用上来，大力推广"干粪—有机肥—农田"和"湿粪—沼液沼渣—农田"的生态循环农业模式，统筹推进生态循环农业发展，努力实现生态与生产的共赢。二是抓住商品有机肥推广这条纽带。推广应用商品有机肥是发展生态循环农业关键，我们把商品有机肥生产应用作为资源化利用的突破口，鼓励工商资本投资建设商品有机肥生产企业，建设区域性畜禽粪便收集处理中心，鼓励专业大户、家庭农场、农民专业合作社使用商品有机肥，努力实现养殖污染得到有效治理、商品有机肥应用面积扩大、标准农田质量得到提升的目标。三是抓牢耕地质量提升这一任务。衢州低丘缓坡资源丰富、新垦造耕地众多，为进一步提升耕地质量水平，我们积极探索垦造耕地地力提升与畜禽排泄物资源化利用相结合的工作机制，切实保障耕地质量与数量双平衡。提倡垦造耕地和标准农田地力提升使用本市来源的畜禽排泄物制成的有机肥，将施用商品有机肥列入垦造耕地项目开发的主要内容，并作为项目验收的重要条件，实现有机肥推广和地力提升的双赢。

（二）保障机制

畜禽排泄物资源化利用离不开要素支持，我们着力在保障机制创新上下功夫，为畜禽排泄物资源化利用提供强有力的支撑。一是资金拼盘使用。按照集中力量办大事的原则，全市统筹"三位一体"资源化利用经费。整合省、市、县三级资金，设立专项资金账户，用于加强畜禽排泄物资源化利用，推进生态循环农业发展。二是项目统筹推进。按照项目化管理的要求，重点支持商品有机肥企业生产、销售、商品有机肥使用、大中型沼气工程大出料、沼液综合利用。三是模式集成应用。以"干粪—有机肥—农田"和"湿粪—沼液沼渣—农田"为主线，以家庭农场、专业合作社、农业"两区"为重点，因地制宜推广应用以浙江开启能源等生物质发电为龙头的县域大循环，以常山大公养殖场沼液综合利用和浙江绿业公司为代表的中循环模式，以浙江鸿福牧业为代表的小循环模式。推广以开化马金镇高韩村、衢江全旺镇官山底土地开发等项目为代表，开展沼液综合利用与新垦造耕地地力提升相结合的循环模式，做到生猪排泄物就近消纳，高效利用。

（三）制度创新

畜禽排泄物资源化利用是一项政策性极强的工作，我们按照项目化、制度化、规范化的要求，着力在管理制度创新上下功夫，确保畜禽排泄物资源化利用实施到位。一是强化行政推动。把该项工作纳入市对县（市、区）相关考核，各级农业、生态环境、财政、自然资源等部门分工负责、各司其职，合力推进工作开展。市、县农业农村部门成立专项工作领导小组和项目实施工作组，土肥、能源、畜牧业、种植业等部门分工负责，确保工作措施落到实处。二是建立项目管理制度。实行项目预申报制，由市级统筹下达计划任务，各县根据计划组织主体申报。组织商品有机肥生产企业开展政府采购竞争性谈判，确定全市18家采购企业目录和产品最高限价。三是建立监督审计制度。严控商品有机肥质量管理，对每一批次出产的商品有机肥由县级农业执法大队进行不定期抽检。对商品有机肥生产企业和使用大户实行审计制度，委托审计单位对所有申报项目全面进行审计，确保补贴政策落到实处。

近年来，衢州市畜禽排泄物资源化利用取得了明显成效，畜禽排泄物资源化利用的机制和体系逐步形成，充分调动了农民使用有机肥的积极性，有效提高了畜禽物资源化利用水平和耕地质量水平，为改善农村环境起到了积极的作用。下一步，我们将进一步在探索畜禽排泄物资源化利用机制、完善畜禽排泄物资源化利用政策、推进全区域全产业链联动方面下功夫，使畜禽排泄物资源化利用成为我市推进生态循环高端农业发展的重要支撑，为打响衢州生态"金字招牌"做出贡献。

二、实施耕地质量保护与提升行动

为进一步推进全市耕地质量保护和提升工作有序开展，夯实我市农业发展基础，我市制定出台《衢州市耕地质量保护与提升行动方案》。到 2020 年，全市耕地质量状况得到一定提升，耕地土壤重金属污染加重趋势得到有效遏制，对粮食生产和农业可持续发展的支撑能力明显提高；全市耕地地力有效改善，粮食生产功能区内一等田面积达到 50% 以上；规模畜禽养殖场排泄物资源化利用率达到 98%，商品有机肥推广应用达 10 万吨；主要农作物化肥利用率提高到 40% 左右。主要开展了以下工作。

（一）深化粮食生产功能区建设和保护

结合永久基本农田划定，将粮食生产功能区全部划入永久基本农田及其示范区，作为永久基本农田核心区实行最严格保护，不得征占用。对投入标准较低、农田基础设施较差或不完善的粮食生产功能区，平原地区重点完善低洼区排水沟渠、农机坡道，确保"涝能排"、农机能下田，山区重点建设机耕路、灌溉沟渠，确保"旱能灌"；对耕地地力较差的粮食生产功能区，重点实施耕地力提升行动，通过绿肥种植、秸秆还田、增施有机肥等措施，不断提高耕地地力水平。力争做到粮食生产功能区数量足、质量优、守得牢，切实发挥其稳定浙江省粮食生产的主阵地作用。

（二）实施耕地地力综合培肥行动

各地根据耕地地力状况，分年度制定耕地地力综合培肥行动方案，结合浙江省、衢州市两级商品有机肥补贴、农业部耕地质量保护与提升等项目实施，每县分类建立连片面积不少于500亩的耕地地力保护与提升示范区各1个。

1. 建立分类提升模式

针对耕地地力状况，实行因地施策，建立分类保护提升模式。对耕地地力为一等田的区块，采取秸秆还田、增施有机肥、测土配方施肥等技术，保持耕地力的平衡；对耕地地力还未达到一等田的，要针对障碍因子，有针对性地开展地力提升措施。

2. 提升土壤有机质

对土壤有机质含量低于30克/千克的耕地，要以提升有机质为核心，重点采取推广增施有机肥、全面推广秸秆还田技术、因地制宜发展绿肥种植等措施，调整优化土壤碳氮比、提高土壤有机质含量，改善土壤结构。

3. 强化酸化土壤改良

对土壤 pH 值 5.5 以下的酸化土壤地区，要以改善土壤酸碱度为核心，调整施肥品种，推广施用土壤调理剂，配合秸秆还田、增施有机肥及种植绿肥等综合地力培肥措施，改变施肥方式，提高土壤 pH 值。

（三）继续推进千万亩标准农田质量提升工程

根据浙江省政府千万亩标准农田质量提升工程工作要求，在总结前几年提升经验的基础上，按照标准不降、投入不减原则，继续深入实施千万亩标准农田质量提升地力培肥项目。

1. 完善实施方案

每年新增项目落实项目区块，确保项目落地；续建项目要按照实施方案要求抓好技术措施落实。各项目县要按照立项年份，结合当地实际，制定分年度实施方案，确保提一块、成一块。

2. 按时开展评价

根据衢州市统一部署和项目实施进度，及时做好项目区块培肥效果动态监测和综合评价工作。评价后未达到一等田要求的区块，要认真总结经验，查找问题，分析原因，继续做好后续地力培肥。

3.严格项目管理

根据浙江省政府要求，各县（市、区）政府是标准农田质量提升工作的责任主体，乡镇政府为具体实施责任主体和管护主体。千万亩标准农田质量提升工程已（在）实施区域原则上不能置换，确实无法避开的，用于置换的储备标准农田质量等级必须为一等田。

（四）大力推广化肥减量增效技术

坚持"增产施肥、经济施肥、环保施肥"理念，推广以测土配方施肥为主的化肥减量增效技术，通过"精、调、改、替"等技术手段，深入推进精准施肥，优化化肥施用结构，改进施肥方式，推行有机肥养分替代，减少不合理化肥投入。有效整合中央、省级财政补贴项目、地方财政专项及区域项目等，构建"政府免费测土—部门制订配方—企业全程参与"的测土配方施肥常态化运行机制。强化测土配方施肥指导和服务，加大力度开展农企合作推广配方肥活动，积极探索配方肥、有机肥料、水溶肥料、缓释肥料等物化补助的机制模式；加强产学研合作，建立主要经济作物施肥技术规程，依托新型经营主体，分区域、分品种集成一批农机农艺配套、有机无机结合的化肥减量增效技术，开展绩效评估和模式总结，因地制宜加以推广。

（五）加快推进农业"两区"土壤污染防治

以土壤污染源头防控、土壤污染监测预警体系建设和土壤重金属污染治理试点工作为重点，深入实施农业"两区"土壤污染防治行动三年计划。

1. 紧紧围绕"一控两减四基本"的总体目标

重点做好畜禽养殖污染治理、化肥农药减量增效、农业投入品废弃包装物和地膜残留回收，严禁污染淤泥用于改田造地或还田，开展以调节农田土壤酸碱度为核心的土壤环境改良工程，提高农田土壤抗风险能力。

2. 与大专院校、科研院所广泛开展技术合作

与多所院校和科研单位合作对衢州市农业"两区"进行普查，绘制衢州市农业"两区"土壤安全等级图，对污染点进行源解析。

3. 建立 110 个土壤环境质量监测点

开展土壤环境质量指标监测：建立 35 个农田土壤污染综合监测点，75 个农田土壤污染常规监测点，开展农业"两区"内土壤、灌溉水、农产品的土壤地力、重金属、有机污染物等指标监测，掌握农业"两区"土壤环境质量状况和变化趋势，探索建立农业"两区"土壤环境质量定期报告制度。

4. 扎实推进衢江区农田土壤重金属污染治理试点工作

开展治理技术及治理模式的试验工作，探索建立分类治理模式，为全市农田土壤污染治理发挥示范和引领作用。

（六）开展耕地质量调查监测与评价

重点结合标准农田质量提升和测土配方施肥项目评价工作要求，做好县域耕地地力评价数据更新；适时开展全市耕地地力调查监测，启动耕地质量大数据平台建设；在全市 24 个耕地质量监测点的基础上，根据农业农村厅相关文件要求，做好耕地质量监测点布局规划，完善耕地质量与墒情监测网络，开展实时监测，定期发布区域耕地质量监测报告。

三、试行农业投入化肥定额制工作

为了更好地把耕地质量建设和农业绿色发展相结合，2019年衢州市启动了农业投入化肥定额制试行工作。化肥定额制是根据作物需肥规律、目标产量、产品品质、耕地地力等因素，在综合运用测土配方、有机肥替代、新型肥料使用、水肥一体化、机械施肥等新技术的基础上，研究制定主要农作物化肥投入的最高限量标准和配套施肥技术，降低不合理化肥用量，促进化肥减量增效和绿色农业高质量发展。

在连续 6 年的化肥减量工作基础上，衢州市按照"先易后难、疏堵结合、试点先行、多措并举、稳步推进"的原则，加大耕地培肥、免费测土、精准施肥的力度，推广使用商品有机肥替代化肥、种植绿肥和高效施肥技术，研究制定全市主要作物化肥投入的定额标准，探索建立化肥定额施用的体制机制。确保商品有机肥和配方肥年施用量分别保持在 10 万吨和 3 万吨以上，绿肥种植面积超过 12 万亩，专业化施肥达到 40% 以上，做到"两不下降两负增长"，即耕地地力不下降、作物产量不下降，年化肥施用总量负增长，氮肥施用量持续负增长。2020年在全市范围内整县制推进化肥定额制实施；2022年全面建立主要作物化肥投入的定额制度，化肥、氮肥用量均比2018年下降5%以上。

（一）化肥定额制的基本原则

一是坚持限量管理。原则上各地农作物化肥使用量不超过省制定的最高限量标准，控制农作物化肥和氮肥投入。

二是坚持分类指导。按照"一户一业一方"的要求，制定精准施肥建议方案，推进农作物化肥的限量施用。

三是坚持综合施策。采取培肥地力、调整化肥品种、改变施肥方法等技术，构建科学环保施肥技术模式，实现增产增效、保护生态环境。

（二）主要开展的具体工作

1. 通过制定标准实现限量施用

根据近年来测土配方施肥成果，综合耕地地力、作物需肥规律、目标产量、种植效益等多种因素，遵循粮油作物"减氮、控磷、稳钾"和经济作物"减氮、减磷、控钾"总体施肥要求，各县（市、区）建立主要作物化肥投入的定额制度。同时，有条件的县（市、区）可以建立相关平台，并与定额施肥标准有效衔接，高效开展定额施肥技术指导工作。

2.通过建立档案实现追溯管理

依托各县（市、区），推动规模主体签订化肥定额施用承诺书，建立肥料施用档案，纳入农产品质量安全信用管理，实现可追溯。支持合作社、肥料生产经营企业等开展专业化施肥服务，建立代施代管机制，实现农户与规模主体化肥定额施用的有机衔接。

3.通过养分替代实现化肥减量

从养分替代的角度出发，采取推广有机肥、秸秆还田、种植绿肥、增施新型肥料、创新农作制度等措施，加大有机养分替代化肥的力度，实现化肥减量。在经济作物上，优先推广有机肥（生物有机肥）、有机无机复混肥、水溶肥等。在粮油作物上，优先推广配方肥、有机无机复混肥、缓（控）释肥等新型肥料。大力推广菜—稻轮作、果（茶）—绿肥、稻—鱼（虾、鳖）等种养模式，统筹农田土壤周年养分管理，实现大幅度减少化肥使用量目标。

4.通过技术推广实现化肥减量

从肥效提升的角度出发，通过施肥技术和模式推广，提高肥料利用率，实现化肥减量。深入开展规模生产主体免费测土配方服务，按照"精准测土、科学配方、减量施肥"的要求，建立"一户一业一方"施肥模式，建立规模主体智慧施肥管理，实现精准施肥。推广机械深施、种肥同播、侧深施肥、水肥一体化等高效施肥技术，逐步淘汰浅施、撒施、表施等落后施肥技术。研究制定主要作物化肥投入定额施用技术指南，创新化肥定额施用的技术模式和长效机制。

5. 通过开展技术培训实现化肥减量

各地要依托"万名农民素质提升工程"，采用"请进来、走出去"等方式，组织化肥经营门店、农业规模主体开展技术培训，确保相关技术落地见效。同时，提升对化肥定额制的认识，进一步引导农民加快农业标准化生产的步伐，提升衢州市农产品品质和竞争力，加快推动衢州市作为浙江省农业绿色发展先行市的建设步伐。

四、推进耕地安全利用

近年来，从中央到地方各级政府高度重视土壤环境保护工作，相继出台了一系列政策制度。为改善和提升耕地质量奠定了良好的政策基础，衢州市制定出台了《受污染耕地安全利用三年行动方案》，全面开展受污染耕地的安全利用和管控工作。主要开展了以下工作。

（一）开展类别划分

依据全国农用地土壤污染详查成果和类别划分技术规范，衢州市制定土壤质量类别划分方案，组织各县（市、区）收集整理辖区内农业区划、土壤类型、土壤环境质量等基础图件资料；开展边界核实与现场踏勘，对边界不清或疑似田块加大土壤抽检密度；组织技术力量，按照国家提出的优先保护类、安全利用类和严格管控类的分类标准建立分类清单，绘制分类图件，分县完成质量类别划分工作。

（二）推进安全利用

对划定为安全利用类耕地，查明污染原因，因地制宜、精准施策。结合各地近年来试点示范经验，综合采取低积累品种替代、土壤酸化治理、土壤改良、肥水调控、叶面阻控等技术措施，研究集成推广受污染耕地安全利用技术方案和实施模式。建立不同污染程度耕地安全利用技术和试点示范，重点开展土壤镉含量大于 0.6 毫克 / 千克以上耕地种植水稻等粮食作物安全种植技术示范；鼓励支持专业化治理，创新治理实施模式，有效推进中轻度受污染耕地的安全利用。

（三）加强风险管控

对划定为严格管控类耕地，严禁种植食用农产品、实施种植结构调整或退耕还林还草制度。加强监督检查，杜绝种植食用农产品。鼓励连片土地流转，出台相应补偿政策，进行种植结构调整，由食用性作物调整为花卉、苗木、棉花等非食用性作物，或实行休耕、退耕还林还草，切实防范违规种植食用农产品。

（四）深化污染治理

针对受污染严重的耕地种植产生的秸秆，以无害化、资源化为目标，采用秸秆能源燃料化、原料化等综合利用技术，实现秸秆移除和无害化安全处置。深入实施肥药减量增效行动，推进肥药"两制"改革，降低不合理农药化肥的使用；加强畜禽粪污、沼液无害化处理和资源化利用，强化有机肥质量检测，严禁重金属超标的有机肥和沼液施入农田，防范重金属污染风险。

参考文献

吕晓男，倪治华，2013.浙江省土壤资源与耕地地力等级地图集 [M].哈尔滨：哈尔滨地图出版社.

王宏航，周江明，童文彬，2018.绿肥种植与利用 [M]. 北京：中国农业科学技术出版社.